建绿色电网 创和谐家园

——输变电设施电磁环境知识问答

国家环境保护总局环境工程评估中心
国家电网公司 编

中国电力出版社
CHINA ELECTRIC POWER PRESS

图书在版编目（CIP）数据

建绿色电网　创和谐家园：输变电设施电磁环境知识问答／国家环境保护总局环境工程评估中心，国家电网公司编.—北京：中国电力出版社，2007.5（2019.12 重印）
ISBN 978-7-5083-5507-8

Ⅰ. 建…　Ⅱ. ①国…②国…　Ⅲ. 电磁环境－问答　Ⅳ. X21-44

中国版本图书馆CIP数据核字（2007）第060568号

中国电力出版社出版
（北京市东城区北京站西街19号 100005 http://www.cepp.sgcc.com.cn）
北京博图彩色印刷有限公司印刷
各地新华书店经售
*
2007年5月第一版　2019年12月北京第二十三次印刷
889毫米×1194毫米　48开本　0.5印张
定价：8.00元

编者的话

电是一种清洁而使用便利的能源，是服务范围最广，涉及国家经济安全并与人民生活密切相关的特殊商品。随着国民经济持续发展和人民生活水平不断提高，社会各行业和城乡居民对电的需求量日益增长。与此同时，公众对自己的生活环境提出了更高的要求。

如何在加快电网建设、保证优质可靠电力供应的同时，做好环境保护工作，谋求电网发展与保护环境的和谐统一，始终是各级政府、社会公众和电网企业的共同愿望。为了更好地向公众提供内容科学、知识全面、通俗易懂的电网环保知识，我们组织专家编写了这本问答。本问答介绍了公众最为关心且与人民生活息息相关的电磁环境问题。全书通过42个问与答，依次介绍了输变电常识（15条）、输变电工频电场（14条）、输变电工频磁场（8条）和输变电环保管理（5条）等四个方面的内容。输变电常识篇为公众提供基本的输变电知识，着重提高其对输变电设施的了解程度；输变电工频电场篇和输变电工频磁场篇深入浅出地介绍了工频电场和工频磁场的环保知识；输变电环保管理篇介绍了与输变电环保管理相关的环境影响评价、环境保护验收以及在电网设计、施工和运行中采取的环保措施等内容。

我们真诚地希望广大公众通过阅读本问答，进一步了解输变电设施及其电磁环境的特点，关心和支持电网发展。让我们携起手来，为建设规划科学、结构合理、安全可靠、环境友好、服务高效的电网营造良好的氛围，共同创建和谐美好的家园。

一、输变电常识篇

1.电力工业有哪些特点?

电力工业是生产、输配和销售电能的行业，是国民经济重要的基础产业。电力工业将煤炭、水力、石油、天然气、核燃料、风力、太阳能、潮汐、地热等一次能源转换为清洁、便利的二次能源。

电力工业是为国民经济各行业和广大城乡居民生活提供电力保障的公用事业，其服务对象和范围是最为广泛的。当今世界，电力工业已经成为衡量一个国家现代化程度和人民生活水平高低的重要标志。

由于现代技术还不能直接、大量地储存电能，因此,电能的产、供、销必须同时完成。为保证安全、可靠、优质的电力供应，必须促进电力工业持续健康发展，并确保电力生产的安全稳定。任何大面积停电事故，都会造成巨大的经济损失，影响居民的正常生活甚至社会的稳定。

现代电力工业采用超超临界大容量发电机组和特高压、超高压输电及其他先进技术，以更好地满足社会不断增长的用电需求。

2.电是如何送到用户的?

电力系统主要由发电厂、输配电系统和用户组成。发电厂发出的电先由升压变电站的变压器升高电压后，经输电线路送往用电地区；到达用电地区后，由降压变电站的变压器降低电压，再经配电线路分送到各用户。

3.输配电系统是如何组成的?

输配电系统的组成见表1。

表1 输配电系统的组成

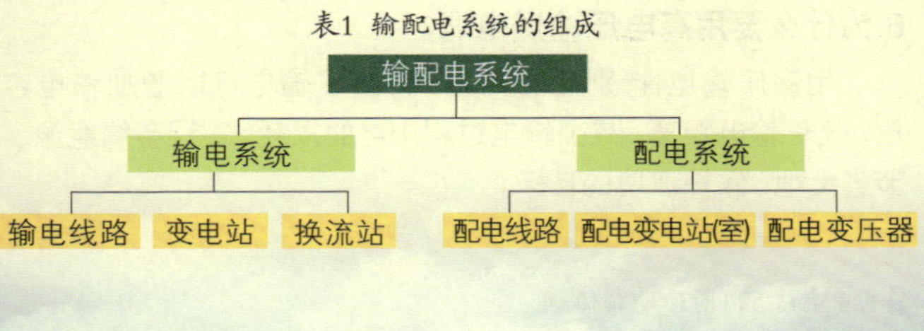

抽水蓄能调节电力

4.我国输配电系统是如何分类的?

我国输配电系统分交流输配电系统和直流输电系统两大类。交流输配电系统主要有九种电压等级，直流输电系统有两种电压等级。见表2、表3。

表2 我国交流输配电系统的电压等级

交流输配电系统							
输电系统					配电系统		
特高压	超高压			高压	高压	中压	低压
1000千伏	750千伏	500千伏	330千伏	220千伏	110～35千伏	10千伏	380/220伏

表3 我国直流输电系统的电压等级

直流输电系统	
±800千伏	±500千伏

5.变电站建筑形式有哪几种?

变电站按其建筑形式可分为户外式、户内式和半户内式三种。

6.为什么要用高电压输送电能?

用高压输电,特别是超高压、特高压输电可以增加输电容量，延长输电距离，减少输电过程中电的损耗，实现节约能源、节省土地、保护环境的目标。

箱式变电站与周围环境相协调

7.特高压输电系统有哪些优点?

我国正在建设特高压输电系统。特高压输电系统有许多优点：一是可以大幅度提高电网输送能力，延长输电距离，将我国西南部水电和西北部煤电等能源基地的电力输送到东部负荷中心，实现更大范围的资源优化配置；二是可以节约输电走廊，减少土地占用，有利于缓解东部地区环境容量不足、土地资源紧张的矛盾；三是可以促进大型煤电基地建设，减轻铁路运输压力以及煤炭长距离运输可能造成的环境问题等。发展特高压输电系统，其社会效益、经济效益、环境效益是十分显著的。

8.电场和磁场是怎样产生的?

有电压就有电场，有电流就有磁场。当电器接入电源，电器周围就有电场；接入电源的电器，即使电器开关关闭，电场依然存在。电器开关开启，有电流通过，电器周围就有磁场。

9.什么是工频电场和工频磁场?

交流输变电设施产生的电场和磁场属于工频电场和工频磁场。工频又称电力频率。工频的特点是频率低、波长长。我

国工频是50赫（Hz），波长是6000千米（km）。图1为各种典型设备设施的电磁频谱示意图。

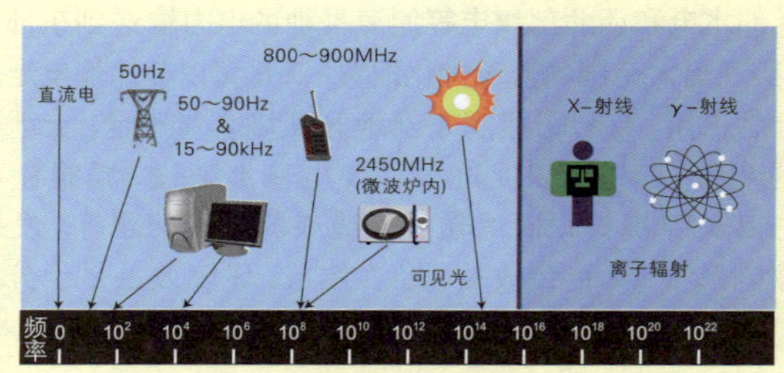

图1 电磁频谱示意图

10.什么是电磁辐射?

电磁辐射是指电磁辐射源以电磁波的形式发射到空间的能量流。电磁辐射源发射的电磁波频率越高，它的波长就越短，电磁辐射就越容易产生。一般而言，只有当辐射体长度大于其工作波长的四分之一值时,才有可能产生有效的电磁辐射。

11.为什么说输变电设施对周围环境不能产生有效的电磁辐射?

这是因为交流输变电设施产生的工频电场和工频磁场属于极低频场，是通过电磁感应对周围环境产生影响的。工频电场和工频磁场的频率只有50赫，波长很长，达6000千米，而输电线路本身，由于其长度一般远小于这个波长,因此不能构成有效的电磁辐射。同时，工频电场与工频磁场彼此又是互相独立的，有别于高频电磁场。高频电磁场的电场和磁场是交替产生向前传播而形成电磁能量的辐射。在国际权威机构的文件中，交流输变电设施产生的电场和磁场被明确地称为工频电场和工频磁场，而不称电磁辐射。

12.工频电场、工频磁场与电离辐射、电磁辐射有什么区别?

图1电磁频谱示意图中，X-射线、γ-射线属于电离辐射;可见光、微波炉产生的微波等辐射属于电磁辐射,而50赫频率处,输变电设施产生的工频电场、工频磁场是极低频场。重要的是，在输变电设施周围，不存在工频电场、工频磁场交替变化，“一波一波”地向远处空间传送能量的情况，这有别于电离辐射和电磁辐射。

13.不同的电磁现象和能量大小会产生什么样的不同影响?

不同的电磁现象和能量大小关系到对生物细胞组织的影响程度。电离辐射产生的光子能量大，频率极高，能穿透人体，可用于透视、检查身体、照射病灶、杀伤癌细胞等。电磁辐射产生的电磁波频率比电离辐射产生的光子频率低，对人体不发生离子化作用。工频电场、工频磁场是一种极低频场，世界卫生组织认为，关于极低频场范畴的电磁场曝露，在电磁场强度低于国际导则限值（电场强度5千伏/米，磁感应强度0.1毫特）的情况下，不具有有害的健康影响。

14.世界卫生组织是不是通常所说的WHO?

是的，WHO(World Health Organization)是世界卫生组织的英文简称，是联合国负责世界卫生的专门机构,成立于1948年7月,现有成员国193个,中国是成员国之一。世界卫生组织在全球卫生领域具有权威性。

15.输变电设施会产生核辐射吗?

不会。核辐射是由放射性物质产生的，它属于电离辐射。而输变电设施产生的是工频电场和工频磁场，与核辐射完全不是一回事，输变电设施不可能产生核辐射。

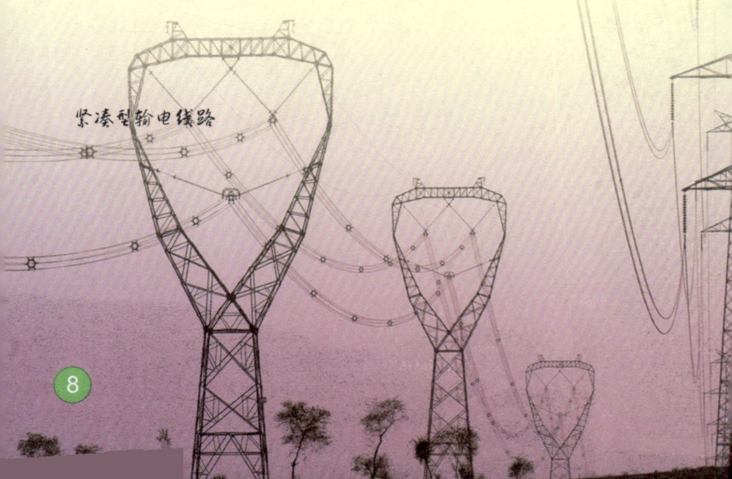
紧凑型输电线路

二、输变电工频电场篇

1.什么是输变电工频电场强度？

输变电工频电场强度是用来衡量输变电设施周围空间某个点位在一定方向上的电场强弱的尺度。计量单位为千伏/米(kV/m)。

2.输电线路产生的工频电场强度有什么特点？

输电线路产生的工频电场强度的特点：一是随着离开导线距离增加，电场强度降低很快，且在距地面约2米的空间，电场基本上是均匀的；二是工频电场很容易被树木、房屋等屏蔽，受到屏蔽后，电场强度明显降低。

3.我国对输变电工频电场强度限值有规定吗？

有。国家环境保护总局在输变电工程环境影响评价技术规范中规定，居民区输变电工程工频电场强度的推荐限值为4千伏/米。这个限值是针对居民区的，其他地区的限值宽于居民区限值。

4.国际上对工频电场强度有什么规定?

国际非电离辐射防护委员会（ICNIRP）于1998年发布了《限制时变电场、磁场和电磁场曝露的导则(300GHz以下)》。在这个导则中，对公众的限值是5千伏/米。此限值对保护公众健康已留有足够的安全裕度，得到世界卫生组织的认可与推荐，已被包括欧美发达国家在内的许多国家所采用。

5.我国规定的限值比国际导则严吗?

我国的推荐限值比国际导则对公众的限值要严，在数值上小1千伏/米。

6.国际非电离辐射防护委员会(ICNIRP)是国际性权威机构吗?

该委员会是WHO认可的、从事电磁场健康风险评估的国际性权威机构。

7.对电磁场（EMF）健康标准，世界卫生组织有何结论性意见?

2006年，WHO正式发表了《制定以健康为基础的EMF标准的框架》（*Framework for developing health-based EMF*

高低腿塔减少水土流失

standards）这一具有总结性的官方文件。在这个文件中，WHO推荐所有成员国对电磁场限值采纳国际标准，即采纳国际非电离辐射防护委员会（ICNIRP）曝露导则与限值。

8.为什么有的变电站要建在居民区内？

随着城市建设的不断发展，居民区越来越多，负荷密度越来越大，每户居民的用电量也随着生活水平的提高在不断增加，而一座变电站的供电能力和供电范围又是有限的。因此，为了满足居民的用电需求，保证供电可靠性和供电质量，在居民区建设变电站是难以避免的。

9.输电线路跨越民房时有哪些规定？

有关技术规程规定，500千伏及以上输电线路不应跨越长期住人的建筑物。在工频电场强度和工频磁场强度低于国家推荐限值4千伏/米和0.1毫特的情况下，其他电压等级的输电线路跨越民房是可以的。

10.输电线路跨越民房时，导线高度有什么规定？

为保证安全，有关技术规程规定了不同的电压等级输电线路导线与建筑物的最小垂直距离，见表4。

表4 输电线路导线与建筑物的最小垂直距离

电压等级（千伏）	110	220	330
垂直距离(米)	5.0	6.0	7.0

11.变电站周围工频电场强度有多大?

户外式变电站站界工频电场强度在每米几伏到几百伏之间，靠近变电站进出线处稍高。变电站在设计时，均按照相关技术规范要求，保证变电站相邻居民区的电场强度低于国家规定4千伏/米的限值。户内式和半户内式变电站站界工频电场强度则比户外式变电站更低。

12.输电线路附近电场强度有多大?

输电线路周边工频电场强度的大小主要取决于线路电压的高低、线路导线的排列方式、截面积、导线对地高度和观测点与导线的距离等。图2~图4是三种最常见电压等级，即110、220、500千伏输电线路在地面上方1.5米处，工频电场强度沿垂直线路方向的分布图。

输电线路跨越江河

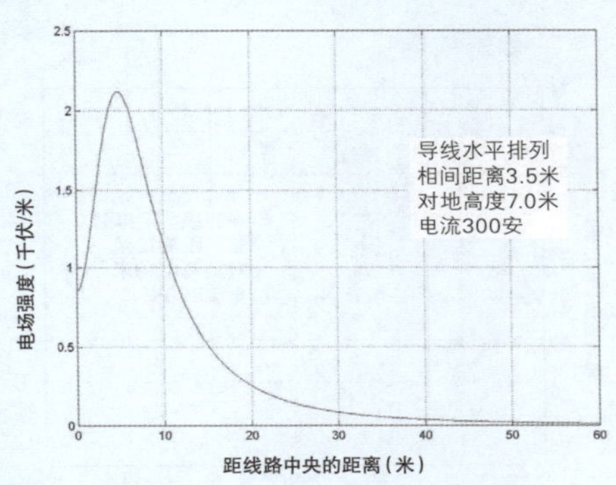

图2 110千伏输电线路的工频电场变化图

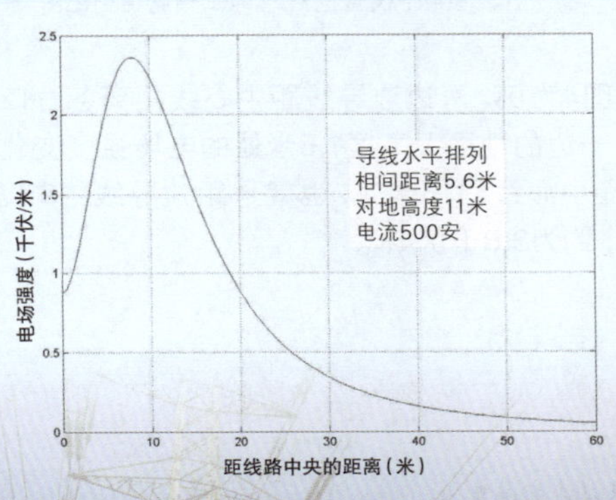

图3 220千伏输电线路的工频电场变化图

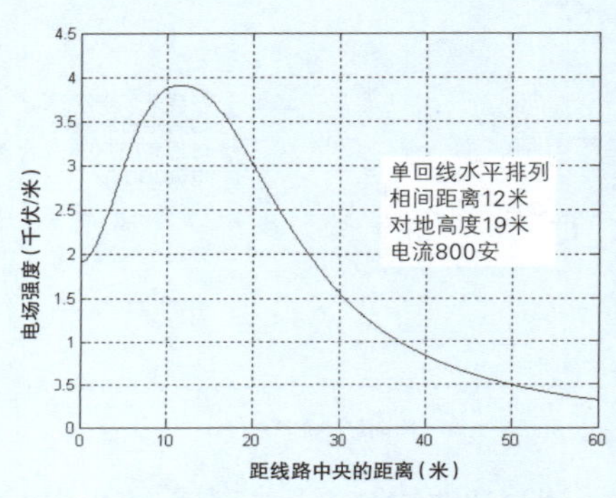

图4　500千伏输电线路的工频电场变化图

以图4为例，两边边导线距中心线距离各为12米。图示曲线为某一边的地面上高度1.5米处的电场强度变化情况。由图可见，距中心线约15米处，也就是距边导线约3米处的电场强度最高，约为3.8千伏/米。

13.为什么输电线路附近有时会有"嗞嗞"的声音?为什么有时晚上还会看到火花?

"嗞嗞"的声音是因为输电线路在空气中局部电晕放电造成的，雨雾天往往会大一点。电火花是电晕放电，没有危险。输电线路投运一段时间后这种现象会有所减少。

14.输电线路会给临近的房屋引来雷击的危险吗?

不会的。输电线路在设计、运行中都有严格的防雷要求。由于输电线路的铁塔塔身较高，并在整条线路设有专用避雷线，输电线路不仅不会给临近的房屋引来雷击，反而会在一定程度上形成"保护伞"。原因是当有带电云团经过输电线路时，云团电荷可以通过避雷线安全地引导电流进入大地，起到防雷作用。

三、输变电工频磁场篇

1.什么叫输变电工频磁场强度?

输变电工频磁场强度是用来衡量输变电设施周围空间某个点位在一定方向上的磁场强弱的尺度，计量单位为安/米(A/m)。

磁场强度通常可用磁感应强度，又称磁通密度表示，计量单位为特［斯拉］(T)。输变电设施产生的工频磁场磁感应强度一般都很小，常用毫特（mT）或微特（μT）表示。

1特=1000毫特=1000000微特

1毫特=12.56×10^4安/米

2.输电线路工频磁场强度有什么特点?

输电线路工频磁场强度的特点：一是随着用电负荷的变化，即通过输电线路电流的变化，工频磁场强度也随着变化；二是随着与输电线路距离的增加，工频磁场强度快速降低，并且与工频电场强度相比，工频磁场强度随距离变远，下降得更快。

3.我国对输变电工频磁场强度有规定吗?

有。国家环境保护总局在输变电工程环境影响评价技术规范中，推荐对公众的工频磁感应强度限值是0.1毫特（即100微特）。

4.国际上对工频磁场强度有什么规定?

国际非电离辐射防护委员会（ICNIRP）1998年发布了《限制时变电场、磁场和电磁场曝露的导则(300GHz以下)》。在这个导则中，对公众工频磁感应强度的限值是0.1毫特（即100微特）。这个限值得到世界卫生组织正式推荐，已被世界上许多国家广泛采用。我国规定的推荐限值与国际导则规定的限值相同。

5.输电线路工频磁场强度有多大?

输电线路周边的工频磁场强度主要取决于线路电流的大小、线路导线的排列方式、观测点与导线的距离等。图5~图7是三种最常见电压等级110、220、500千伏输电线路在地面上方1.5米处工频磁感应强度沿垂直线路方向的分布图。

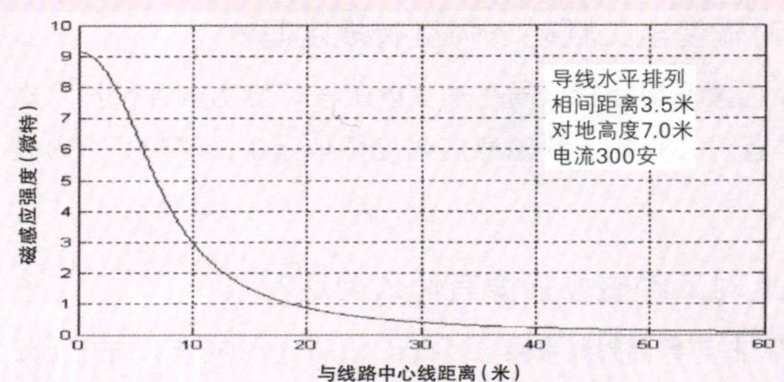

图5 110千伏输电线路的工频磁感应强度变化图

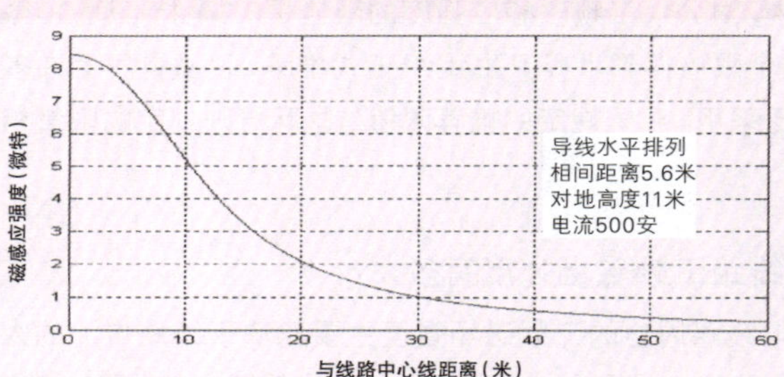

图6 220千伏输电线路的工频磁感应强度变化图

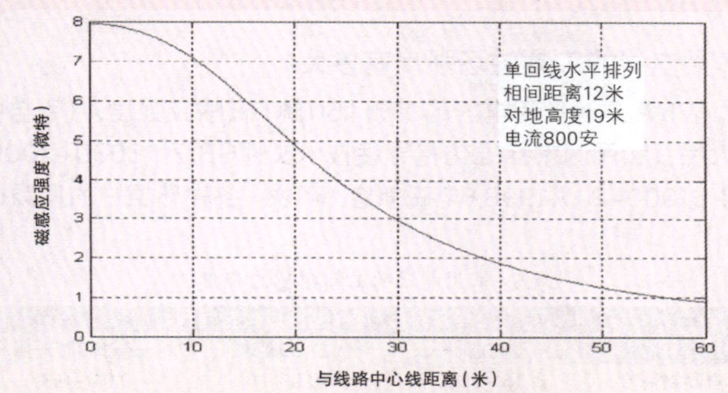

图7　500千伏输电线路的工频磁感应强度变化图

由以上各图可见，三种最常见电压等级输电线路的工频磁感应强度都远小于100微特。

6.变电站周围工频磁场强度有多大?

变电站站界工频磁感应强度主要来源于进出线的影响。变电站站界1米外的工频磁感应强度小于10微特，远低于我国规定的推荐限值100微特。户内变电站周围的工频磁感应强度则趋于本底值。

7.家用电器的工频磁场强度有多大?

表5是几种家用电器的工频（60赫）磁感应强度。（引自中华人民共和国国家标准化指导性技术文件GB/Z 18039-2005/IEC 61000-2-7:1998《电磁兼容　环境　各种环境中的低频磁场》）

表5　家用电器的工频磁感应强度

家用电器	距离Z处的磁感应强度（微特）		
	Z=3厘米	Z=30厘米	Z=100厘米
电动剃须刀	15～1500	0.08～9	0.01～0.3
真空吸尘器	200～800	2～20	0.13～2
荧光台灯	40～400	0.5～2	0.02～0.25
微波炉	75～200	4～8	0.25～0.6
电视机	2.5～50	0.04～2	0.01～0.15
洗衣机	0.8～50	0.15～3	0.01～0.15
电冰箱	0.5～1.7	0.01～0.25	0.01

将表中数据与以上介绍的输变电工频磁感应强度值比较可见，对输变电工频磁场影响，人们可不必过多地担心。

风力发电　绿色能源

四、输变电环保管理篇

1.输变电建设项目的环保审批，有什么规定？

国家对建设项目环境保护有明确的规定。输变电工程的建设必须履行两项程序，一是输变电建设项目建设前完成环境影响评价，二是输变电建设项目建成后完成环境保护验收。

2.输变电工程环境影响评价有何具体规定？

根据《建设项目环境保护分类管理名录》（2002年10月13日国家环保总局第14号令发布，自2003年1月1日起施行）的规定，输变电工程环境影响评价报告的编制有两种格式，一种是编制环境影响报告书，另一种是只编制环境影响报告表。具体分类见表6。

表6 输变电工程环境影响评价分类

编制环境影响报告书		编制环境影响报告表	
500千伏及以上输变电项目	在敏感区的500千伏以下输变电项目	在非敏感区的500千伏以下输变电项目	直流输电项目

如果项目对周围环境影响很小，不需要进行环境影响评价，应填写环境影响登记表。

3.我国对输变电工程环保验收有哪些要求？

国家规定输变电工程项目建设中，对环境保护设施与主体工程要实行同时设计、同时施工、同时投入使用的“三同时”原则；项目建成后，要进行输变电建设项目竣工环境保护验收。

对编制环境影响报告书的输变电工程，要提交验收调查报告。对编制环境影响报告表的输变电工程，要提交验收调查表。输变电建设项目须经环境影响评价报告审批的环境保护行政主管部门验收合格，方可正式投产。

4. 什么叫公众参与？

公众参与就是建设项目在环境影响评价报告的编制、审批过程中，要公开有关信息，征求公众意见。

为规范环境影响评价活动中公众参与工作和强化社会监督，国家环境保护总局专门发布了《环境影响评价公众参与暂行办法》，鼓励公众参与环境影响评价活动。

5.目前在输配电系统环境保护方面已采取了哪些措施？

在电网设计、施工和生产运行中积极应用先进技术和工艺，如采用海拉瓦技术优化路径选择，回避环境敏感目标；采用特高压输电技术、紧凑型输电技术、同塔多回输电技术、大截面导线和直流输电技术等，提高输电容量，节约环境资源；采用张力放线和高塔高跨、线路杆塔高低腿设计，减轻对环境的影响；对城市变电站建筑美化外观设计，使之与周边环境相协调。